TRAITÉ

SUR

LES MOUCHES A MIEL

SUIVI

DES PROCÉDÉS POUR FAIRE LE MIEL ET LA CIRE

Avec divers Modèles de Ruches

PAR L. BONNARDEL

Naturaliste-Préparateur

SE TROUVE A LYON

CHEZ TOUS LES LIBRAIRES ET MARCHANDS DE NOUVEAUTÉS

& chez Mlle BONNARDEL, place Croix-Pâquet, 11

1853

TRAITÉ

SUR LES

MOUCHES A MIEL

LYON. IMPR. DE J. BRUNET FILS, R. Ste-CATHERINE, 45

C.

TRAITÉ

SUR

LES MOUCHES A MIEL

SUIVI

DES PROCÉDÉS POUR FAIRE LE MIEL ET LA CIRE

Avec divers Modèles de Ruches

PAR L. BONNARDEL

Naturaliste-Préparateur

SE TROUVE A LYON

CHEZ TOUS LES LIBRAIRES ET MARCHANDS DE NOUVEAUTÉS

& chez Mlle BONNARDEL, place Croix-Pâquet, 11

1853

AVANT-PROPOS

L'abeille, si active, si opiniâtre au travail, la rivale de la fourmi lorsqu'il s'agit de donner à l'homme un modèle de zèle dans le labeur et de patience dans la gêne, ne s'agite, ne se tourmente si fort que pour orner la table de festin du maître de la nature et lui prodiguer le suc le plus doux, le plus suave et l'un des aliments les plus sains et les plus fortifiants. Sans donc parler de sa taille élancée, de ses mœurs douces et paisibles, de son courage dans le danger et de sa conduite si admirable comme citoyenne d'une république où le dévouement au souverain est la garantie la plus certaine de la régularité et de l'ordre, combien ne sommes-nous pas intéressés à la conservation, à la propagation et au bien-être de ce précieux insecte! Mais un attrait plus puissant et plus noble que celui qu'amène une jouissance toute matérielle, nous attache à ses pas aussitôt qu'on s'arrête à contempler son œuvre, si admirablement construite, et alors le désir de lui être utile se montre plus énergique encore ; du moins, pour ce qui me concerne, je l'ai senti cet attrait, et pendant quatorze années, il a été pour moi la source de bien douces et tranquilles distractions. Aussi, est-ce à côté de mes abeilles, dans mon rucher, que je trace ces quelques lignes, qu'elles me dictent pour ainsi dire elles-mêmes, et que je destine à l'amitié. Au lieu de prêter une oreille si favorable à la prière de quelques camarades du bon vieux temps, j'aurais beaucoup mieux fait sans doute, de les renvoyer à ces excellents ouvrages qui traitent des abeilles avec une supériorité incontestée de connaissances spéciales et de talent littéraire ; mais j'ai craint de passer à leurs yeux pour un froid ami, pour un ami qui n'en est pas un, pour un égoïste enfin, qui ne sait sacrifier ni temps, ni peine, ni amour-propre, à ceux qui l'honorent de leur affection. Aussi, n'est-ce point un ouvrage que j'entreprends ; mon peu d'habitude de manier mes idées m'en ôterait vite l'ambition ; ce n'est qu'une simple esquisse, un exposé succinct des observations que j'ai faites moi-même sur mes essaims, sans autre secours que mes yeux et le plaisir que me procuraient ces observations. Aussi, ne sollicité-je l'indulgence de personne, si ce n'est celle de mes amis, pour qui seuls j'écris. Qu'ils aient quelque plaisir à me lire et qu'ils retirent quelques avantages de mes conseils, et j'aurai atteint mon but; je n'en ai pas d'autre.

Mes Amis,

Vous daignez venir partager mes loisirs, et les passer à contempler mes mouches à miel. Je ne vous dirai pas que je vous en saurai gré ; je fais en sorte, en ce moment, de vous donner bientôt une faible marque de ma reconnaissance ; mais je vous exprimerai la joie que j'ai éprouvée lorsque je vous ai vu prendre un véritable intérêt à leur travail, et les suivre, durant de longues heures, avec une curiosité toujours croissante et une attention soutenue. Aussi, n'ai-je pas été surpris lorsque je vous ai entendu me manifester le désir de posséder chacun un rucher. Vous l'aurez, non pas tout de suite, mais dans quelques années, si du moins vous tenez à le devoir plutôt à votre industrie qu'à des ressources étrangères. Dans ce dernier cas, toute difficulté serait bientôt levée; vous n'auriez qu'à ouvrir votre bourse, et votre rucher s'élèverait vite dans quelque partie de votre jardin; mais il n'y aurait pas grand mérite à cela; aussi, après vous avoir entretenus de ce facile expédient, je veux vous en indiquer un tout opposé, et conséquemment qui vous coûtera peu dans l'application, mais qui vous causera de la satisfaction, puisque vous ne devrez votre rucher qu'à vous-mêmes où à peu près. Mais avant, je dois arrêter votre attention, trop longtemps peut-être, sur des considérations concernant l'hygiène des abeilles, la protection à leur accorder contre leurs nombreux ennemis, le choix à faire dans les ruches, dont la forme ne leur est pas indifférente; je vous entretiendrai également de la manière d'agrandir ces ruches et de transvaser dans l'une les abeilles d'une autre. Ce n'est qu'alors, en vous faisant l'historique de mon rucher, que je vous montrerai comment, en peu de temps et à peu de frais, il vous sera possible de vous en créer un vous-même; enfin, quelques conseils sur les soins à donner à vos mouches pendant les douze mois de l'année, termineront naturellement cet exposé succinct des observations que j'ai faites sur les abeilles.

§ I.

DES CONDITIONS LOCALES DANS LESQUELLES IL CONVIENT DE PLACER LES ABEILLES.

La propreté est l'hygiène de l'abeille aussi bien que de l'homme. Les exhalaisons les moins sensibles, les miasmes les moins désagréables, leur causent la mort. Quand donc vous arrêterez l'emplacement de vos ruchers, vous préférerez avant tout un lieu éloigné des flaques d'eau, des égoûts et des dépôts d'immondices. N'allez pas cependant porter cette attention trop loin : une eau croupissante leur convient ; elles l'aiment beaucoup ; elles la préfèrent à toute autre, pourvu toutefois qu'elle soit assez propre et sans miasmes nuisibles. Sept ou huit cents pas marquent moyennement la distance qui la doit séparer de leur habitation. Plus rapprochée, cette eau devient dangereuse : les abeilles.

qui y courent fréquemment, s'y noient; et puis, elles y rencontrent tant d'ennemis! Quant aux eaux courantes, telles que celles des fleuves et des ruisseaux, évitez-les : un coup de vent survient, qui surprend les abeilles dans leurs courses et les jette à la rivière.

Le froid ne leur est pas moins pernicieux que les cloaques et les torrents; il les engourdit au début de l'hiver, et il les tue, s'il devient trop vif et trop pénétrant. Il est plus meurtrier encore s'il arrive à leur insu, et qu'il les surprenne et les saisisse avant le temps. L'exposition d'un rucher n'est donc pas plus à dédaigner que son emplacement. Vous choisirez celle du midi, et vous mettrez ainsi vos abeilles à l'abri des vents du nord. De cette manière encore, vous leur donnerez toute la chaleur du jour, dont vous pourrez augmenter les effets en répandant sur le sol, au-devant du rucher, une couche de sable fin, unie, de quatre à huit pouces d'épaisseur; par là aussi, vous préviendrez les visites de la plupart des ennemis de l'abeille : les plantes, les herbages, seraient en effet un réceptacle où ils viendraient en foule se réunir mystérieusement, et vous y verriez arriver de tous côté le lézard, le limaçon, la grenouille, la souris et le crapaud ; les uns très avides du miel, les autres très friands de la chair de l'abeille.

§ II.

DES ENNEMIS DE L'ABEILLE.

Cette mouche, si inoffensive lorsqu'elle n'est pas inquiétée, malgré ses mœurs douces et paisibles, a une foule d'ennemis qui, tous, lui font une guerre acharnée, et qui l'empêchent de vieillir. On peut dire, en effet, sans crainte d'exagération, que l'abeille ne périt pas de mort naturelle.

Voyez-la se débattre dans les filets de l'araignée qui, pour être plus sûre de ne pas la laisser échapper, s'en est venue hanter les mêmes parages qu'elle ; elle a tendu ses toiles dans toutes les encoignures du rucher, voire même entre les ruches, et le plus près possible de l'étroit passage réservé à l'entrée et à la sortie des abeilles. L'imprudente qui n'a pas su éviter les piéges de son ennemie est inévitablement perdue ; l'araignée la tue et l'emporte. A-t-elle eu assez de force et d'adresse pour déchirer les fils et en entraîner les débris avec elle, elle n'est pas encore sauvée ! Plus elle se débat pour se dégager de ses entraves, plus elle s'embarrasse ; et ses compagnes, si généreuses, si dévouées dans toute autre circonstance, la fuient dans celle-ci et la laissent s'agiter et périr !

La grenouille et le crapaud ne ménagent pas non plus les abeilles. Ils se placent en sentinelle au bord de l'eau, se tiennent dans une complète immobilité, jusqu'à ce que l'abeille, qui s'est posée sur un chalumeau qui surnage, afin de boire à son aise, soit à leur portée ; ils s'élancent alors sur elle et la saisissent. Quelquefois, on les voit attendant patiemment leur proie sur une planche qui tombe de vétusté, ou sur une pierre, une tuile, dans les environs du rucher.

Le limaçon, lui, se soucie peu de l'abeille ; il est gourmand, et qui s'en serait douté ? il aime le miel ! Il se traîne péniblement dans la ruche, y entre sans crainte, parce qu'il sait quel dégoût il provoque ; il y répand de tous côtés les linéaments de sa bave repoussante, et l'abeille, le cœur soulevé et prête à périr, s'éloigne et ne revient plus.

Le petit lézard gris en est également très friand ;

il les poursuit avec ardeur dans les sillons et à travers les prairies.

Mais l'ennemi le plus redoutable des abeilles, c'est le rat. Trop timide pour affronter leur courroux en été, il pénètre lâchement dans la ruche en hiver, s'y établit en maître, y élève sa famille, et, lorsque vers la fin de février, il a détruit les provisions des abeilles, pressentant leur réveil prochain, il déménage prudemment pour ne plus reparaître. Alors les malheureuses abeilles, trop faibles pour entraîner le nid et les immondices du parasite, périssent bientôt si l'on n'a pas la précaution de les délivrer de la présence de ces matières infectes.

N'auriez-vous pas remarqué autour des ruchers que vous avez visités dans la campagne, et jusque sur la toiture qui les recouvre, des abeilles prises aux dards d'une petite plante de dix-huit à vingt lignes de long, de la forme d'une queue de renard, et surmontée d'un petit grain de la grosseur d'une tête d'épingle ? C'est là, pour les abeilles, un ennemi d'un autre genre, et qui en enlève peut-être le plus à nos essaims. Cette plante est en effet le gluau de l'abeille ; elle ne peut s'en détacher aussitôt qu'elle l'a touchée. Je n'en sais pas le nom technique ; mais le paysan, qui l'appelle le parmechat, la reconnaît aisément, et a grand soin de l'extirper. En cela, vous ne sauriez trop l'imiter.

Maintenant que nous avons un rucher, il nous faut y loger des abeilles. Peut-on s'en procurer indifféremment à toutes les époques de l'année? Voilà ce que vous voudriez me demander ; mais j'ai prévenu votre désir, et je vais le satisfaire.

---

§ III.

ÉPOQUES DE L'ANNÉE LES PLUS FAVORABLES A L'ACHAT ET AU TRANSPORT DES ABEILLES.

Tous les mois de l'année ne sont pas également favorables au transvasement des abeilles d'une ruche dans une autre, ni à leur transport d'un premier rucher dans un second. Procéder à ces opérations pendant la bonne saison, dans le moment où les abeilles ont toute leur agilité et sont impatientes d'activité, ce serait s'exposer à leur colère et à leurs aiguillons, et se décider, sans compensation, à leur faire perdre un temps précieux, si encore il n'en résultait pas des guerres de ruche à ruche, et peut-être la fuite partielle et en détail des essaims transportés. Ces inconvénients disparaissent avec l'été. L'hiver arrive, la récolte est faite, et les mouches sont sans force et sans vigueur. Achetez donc

2

vos abeilles en décembre ; mettez-les dans vos ruches, et portez-les dans le lieu que vous avez choisi pour leur séjour.

Cependant, le froid est déjà assez rigoureux pour leur devenir mortel, et il serait préférable d'essayer ce transport vers la fin d'octobre : les fraîcheurs et les pluies qui retiennent les mouches au logis, ont clos le temps de leurs excursions. D'ailleurs, si quelques précautions étaient nécessaires, il serait plus aisé de les prendre alors qu'à une époque antérieure à celle-là.

Dans tous les cas, préférez les jeunes essaims aux abeilles des années précédentes, et pour éviter avec eux les pertes et les désagréments dont je viens de parler, prenez-les au moment de la jetée, c'est-à-dire en mai ou en juin. Surtout n'oubliez pas de tenir vos ruches toutes prêtes, afin qu'elles n'attendent pas ; car le repos leur est insupportable alors que la nature leur offre en abondance ses plus précieuses richesses.

Vous serez, en effet, toujours plus satisfaits d'un jeune essaim que d'une vieille ruche, et cela se conçoit : les jeunes abeilles n'ont pas encore d'habitudes formées, et un lieu leur convient autant qu'un autre. En outre, on les gouverne plus aisément ; comme elles ne possèdent rien, elles s'aigrissent peu ; il n'en sera pas de même plus tard. A cet âge (moins d'un an), il est même possible de les apprivoiser. J'avais une ruche en verre, recouverte d'une capote de bois, dont les mouches supportaient très patiemment le regard indiscret de tous les curieux que je leur amenais. Une autre fut même placée dans mon cabinet ; rien ne les effrayait, et, quelque chose que l'on fît dans la chambre, elles passaient et repassaient sans donner la moindre marque d'inquiétude, absolument comme si elles eussent été en plein air. Je n'ai remarqué non plus aucun signe d'effroi, ni le moindre bruit dans l'essaim, lorsque, le soir, on apportait la lumière.

Ainsi donc, on peut constater ce fait curieux, c'est qu'il est possible d'apprivoiser les abeilles. Si vous désirez en faire l'essai, visitez souvent votre essaim, sans craindre de soulever la ruche. Plus les abeilles vous verront assidus et à découvert, plus tôt elles se rendront libres et familières.

Voilà vos abeilles au rucher ; il vous faut les diriger de manière à les favoriser dans leur travail, et à en tirer le plus de produit possible. Arrêtons-nous donc sur ce point, l'un des plus importants dont nous ayons à nous occuper.

§ IV.

COMMENT IL FAUT S'Y PRENDRE POUR FAVORISER LE TRAVAIL DES ABEILLES; HAUSSES EN DESSUS ET HAUSSES EN DESSOUS.

Si les ruches dont vous venez de garnir votre abeiller n'étaient pas complètement remplies, ne comptez pas sur vos mouches pour en obtenir de nouveaux essaims l'année suivante; elles ne vous donneront une nouvelle génération qu'autant que leur logis ne présentera pas de vide. Dans le cas où il s'en trouverait, il vous faudrait, en mai ou juin, c'est-à-dire vers l'époque où les essaims sortiraient des autres ruches, vous assurer si celles qui vous occupent sont parfaitement pleines; et alors, mais alors seulement, vous les surmonteriez d'une seconde ruche que l'on appelle *hausse*, parce qu'elle sert à agrandir, dans le sens de la hauteur, l'espace offert aux abeilles pour le dépôt de leur miel. Voici les précautions à prendre dans cette opération : Vous percez le fond de la ruche de trous de la largeur d'un œuf, et vous posez au-dessus une boîte (la hausse), ou ronde ou carrée, selon la forme de la ruche, en lui donnant les dimensions de celle-ci ; puis vous calfeutrez avec un lut composé de 1/3 de chaux et 2/3 de fiente de vache.

On place aussi un fond rond sur une ruche, qu'elle soit ronde ou carrée, peu importe, en ayant soin de le faire déborder de tous côtés; puis, sur ce fond, on pose la hausse dont la forme peut être quelconque et dont les dimensions sont ordinairement plus petites que celles du corps de la ruche. En général, si la ruche a de vingt pouces à deux pieds, la hausse ne doit avoir, en moyenne, que dix pouces de hauteur sur neuf de largeur.

Vous avez remarqué sans doute dans mon verger, soit pendant le jour, soit dans nos promenades du soir, des abeilles errantes, vagabondes, des retardataires qui se fixaient sur les arbres voisins, sur les parois du rucher, et qui finissaient par s'oublier complètement, sans s'inquiéter du butin dont elles étaient chargées, et passer la nuit à la belle étoile et périr! Elles n'étaient oublieuses qu'en apparence, et le véritable négligent, c'était moi. Le lendemain matin, je visitai la ruche et la trouvai parfaitement pleine ; il n'y restait plus de place pour les abeilles.

Il m'aurait donc fallu mettre la hausse plus tôt, et les mouches, en passant par les trous pratiqués dans le fond de la ruche, seraient venues déposer leur miel dans le nouvel espace que je leur offrais, et s'y seraient reposées jusqu'au lendemain.

Il est même bon, afin d'éviter le grave inconvénient que je viens de signaler, de ne pas attendre que la ruche soit tout-à-fait remplie pour la surmonter d'une seconde. Une chose digne de remarque, c'est que le plus souvent la hausse finit par être plus complètement occupée que le compartiment inférieur. L'explication en est simple : Rappelez-vous que la hausse n'est mise qu'en mai ou en juin ; or, à cette époque, le couvain est très abondant ; la population s'est accrue ; les fleurs et les matériaux de tous genres sont répandus partout ; les abeilles apprécient les richesses qui leur sont offertes, et elles se hâtent de les utiliser avant qu'elles ne leur soient ravies. Quelle activité elles déploient ! Tout arrive et s'emploie ! Elles construisent et fabriquent tout ensemble, sans oublier la jeune génération, et la hausse se remplit comme par enchantement. Vingt-quatre jours au plus après l'avoir placée, enlevez-là, vous la trouverez en effet pleine de miel !

Dans les années les plus favorables (ce sont celles où il tombe par intervalle des pluies dans le courant d'août et de juillet), vous pourrez surmonter cette première hausse, sans vide, d'une autre de même forme, de manière à ce qu'elles deux n'en forment qu'une.

Mais dans les années trop sèches, négligeons l'emploi des hausses ; laissons remplir la ruche, surtout si la sécheresse se fait sentir au printemps, ce qui serait un mal plus grand que si elle arrivait en été.

Et, en effet, les beaux jours long-temps continués en mai et en juin, leur sont plus préjudiciables qu'à toute autre époque de l'année. Aussi, quand ils se prolongeront dans ces deux mois, devra-t-on s'estimer heureux si elles ont alors complété leur ruche ; car, dans un tel moment, elles se fatiguent inutilement à chercher des étamines sur les fleurs à pistils, et ne rapportent qu'une matière de couleurs très diverses, qu'elles pétrissent et ramènent au blanc. Cette substance entre bientôt en fermentation, prend une teinte de brun sale, se transforme en terre, et la ruche est perdue.

Outre les hausses en-dessus dont nous venons de parler, on emploie aussi des hausses en-dessous. Ici, on substitue la hausse à la ruche, et on pose celle-ci par-dessus. Des trous, larges de un à deux pouces, établissent encore la communication entre les deux compartiments. Il ne faut pas oublier de mastiquer, car les abeilles sortiraient par les légers interstices qui se rencontreraient dans la section de contact des deux corps de la ruche, et non pas par la partie inférieure de la hausse. Quand cette première hausse est pleine, vous pouvez lui en ajouter (par le bas toujours), une seconde absolument pareille, mais sans fond ; seulement, vous séparez celle-ci de la première par une petite grille, formée de baguettes de coudrier, destinée à supporter le poids des couteaux renfermés dans celle qui est soulevée.

Au surplus, l'usage de ces hausses en-dessous est le même que celui des premières qu'elles sont destinées à remplacer ; et, en effet, on trouve dans le travail des abeilles des différences si sensibles, lorsque l'on emploie les unes et les autres, que nous ne pouvons nous empêcher de vous les signaler, d'autant plus que nous nous procurerons ainsi l'occasion de faire ressortir les avantages de quelques espèces de ruches sur d'autres, et les inconvénients que présentent celles-ci.

§ V.

DE LA FORME LA PLUS CONVENABLE A DONNER AUX RUCHES.

Quelles sont les ruches qui conviennent le mieux aux abeilles ? Les plus bizarres, voilà celles qu'elles affectionnent. Avez-vous des troncs de poiriers, de pommiers, de chênes ou de noyers ? Logez-y-les ; elles s'y plairont. La cavité pourrait être trop spacieuse ; faites-y deux ruches séparées par une cloison en forme de demi-lune. Si vous rencontrez des cuisses de noyers, prenez-les de préférence aux troncs d'arbres ; elles vous donneront des dimensions plus convenables, huit pouces de diamètre au lieu de vingt, et vous n'aurez pas à établir de double compartiment. Ces cuisses de noyers conviennent d'autant mieux qu'elles ont, par compensation à leur faible largeur (huit pouces environ), une hauteur assez grande (vingt-sept pouces), et que les abeilles y activent leur fabrication, parce qu'elle leur paraît plus promptement exécutée, avantage qu'on ne rencontre pas dans les troncs, car ici la surface des couteaux en exécution est si large que quel que soit l'empressement des mouches, le miel se développe peu, et elles y trouvent moins d'émulation. La même observation se répéterait évidemment au sujet des ruches ordinaires, et qui se voient communément dans les abeillers. Si donc vous avez le choix, préférez celles longues et étroites aux larges et basses. D'ailleurs, les ruches de cette dernière forme présentent un inconvénient tel, que lorsque vous les aurez expérimentées, vous les rejetterez pour leurs rivales. Voici quel est cet inconvénient : l'essaim, qui se porte toujours vers la région supérieure de la ruche, trouvant ici de quoi s'y développer, laisse tout-à-fait vide la partie inférieure, qu'il abandonne ainsi à la merci de ses ennemis. Aussi y arrivent-ils de tous côtés, et en particulier le limaçon ; un premier n'y est pas plus tôt, qu'un second survient et qu'un troisième le suit. Il n'était pas nécessaire qu'ils arrivassent en si grand nombre pour engager les abeilles à s'éloigner. Ils affluent surtout dans les ruches de nos campagnards qui, dans leur ignorance de ce fait, graissent leurs ruches avec de la crême, autre appât de la limace. Rien de pareil ne se produit dans les ruches étroites, car l'essaim ne pouvant s'étendre dans le sens de la largeur, est mis dans la nécessité d'occuper toute la hauteur; conséquemment, il tient l'ouverture constamment fermée, et oppose un obstacle insurmontable aux parasites qui pourraient venir du dehors.

Un autre inconvénient : supposez une mauvaise année; les abeilles rempliront plus aisément une petite ruche qu'une grande, et, si besoin est, vous recourrez à la simple et à la double hausse; mais elles ne complèteront pas une grande ruche; le fond seul sera rempli, et la partie inférieure, qui restera inoccupée, offrira un accès facile à leurs ennemis de toutes sortes.

Telles sont les raisons qui militent en faveur des ruches étroites. Des motifs analogues, également appuyés sur des observations décisives, vous engageront aussi à rejeter la ruche à capuchon, et à lui substituer la ruche étroite avec hausse en dessous.

§ VI.

RÉCOLTE DU MIEL ; PRÉFÉRENCE A DONNER A LA RUCHE ÉTROITE AVEC HAUSSES EN DESSOUS, SUR CELLE COMMUNÉMENT APPELÉE RUCHE A CAPUCHON.

La récolte du miel, qui se fait deux fois l'année, en septembre et en mars, est une opération si facile, quelles que soit d'ailleurs la forme et la nature de la ruche, que nous ne nous y arrêterons pas. Si nous la mentionnons, c'est qu'elle peut nous aider, dans certains cas, à reconnaître les avantages de la ruche étroite sur celle à capuchon ; mais il ne sera pas inutile de vous dire d'abord comment une ruche peut recevoir un capuchon. Est-elle ronde ? enlevez le fond ou couvercle et remplacez-le par un capuchon. Si elle est carrée, faites de même, en donnant au capuchon une forme semblable. Pour une ruche ovale, percez le fond de trous de six lignes à deux pouces de diamètre, et surmontez le tout d'un capuchon de la forme qui vous paraîtra la plus agréable. Passons aux inconvénients que j'ai annoncés.

Les abeilles qui, dans leur travail, partent toujours du point le plus haut pour descendre vers le plus bas, lorsqu'on leur offre un capuchon, le remplissent tout d'abord et garnissent ensuite la ruche. Je suppose que par des circonstances qui peuvent beaucoup varier la ruche ne soit pas pleine, et que cependant vous vous trouviez dans la nécessité d'utiliser votre miel; évidemment, vous n'attaquerez pas la ruche, mais vous enlèverez le capot, et vous le remplacerez par un autre entièrement vide. Qu'arrivera-t-il? c'est que d'après la tendance propre aux abeilles d'aller de haut en bas, elles négligeront de nouveau la ruche et se porteront dans le capuchon. Mais, pour arriver jusque-là, il leur faudra traverser les couteaux du compartiment inférieur, vaincre à leur entrée et à leur sortie la pression et le frottement occasionnés par la fourmillière des allants et des venants; de sorte qu'elles se fatigueront inutilement et perdront un temps considérable. Aussi, n'est-il pas rare de les voir renoncer à cette partie de leur travail, soit forcément, soit par dégoût, ou, si elles s'acharnaient à poursuivre leur œuvre, perdre en chemin leurs petites provisions, et les laisser tomber dans la ruche ou sur la tablette. Les étamines, ainsi égarées, font gonfler la ruche, tandis que le capuchon est vide, et elles attirent les fourmis, dont les abeilles se délivrent difficilement. D'un autre côté, le miel de la ruche, à cause de l'agitation des abeilles et du développement de chaleur qui en est la suite, devient aqueux, perd sa saveur première et donne une cire fermentée, noire, tout au moins brune foncée, au lieu d'une belle cire fraîche et blanche.

Dans la ruche à hausse étroite et en dessous, on rencontre des avantages directement opposés aux inconvénients que je viens de signaler. Rappelons-nous ce qui en a été dit : la ruche est au-dessus, la hausse en bas, et il n'y a pas d'autre séparation entre les deux que quelques baguettes très minces de coudrier ; c'est comme s'il n'y en avait pas ; c'est un support, voilà tout ; c'est donc le fond de la ruche qui est occupé. Maintenant, qu'on vienne à leur dérober la hausse remplie en partie ou en totalité, et à la remplacer par une autre, tout restera après comme avant : elles descendaient en travaillant, elles descendront encore ; elles fixaient leurs précieux fardeaux à la surface inférieure du couteau en construction, elles le continueront de même ; elles arrivaient et se retiraient libres et dégagées, elles vont, elles viennent également sans obstacle, sans encombre. Ainsi, pas de nouvelles fatigues pour elles, pas de perte de temps, pas de perte de matières, pas de développement de chaleur, et par conséquent, pas d'altération dans la cire et le miel ; et, ce qui n'est pas non plus à dédaigner, pas d'ennemis à redouter ; car, ainsi que nous l'avons dit, elles s'étendent ici, à cause de l'étroitesse de la ruche, jusqu'à l'ouverture qui sert à leur entrée et à leur sortie ; et ces nombreux avantages, remarquez-le, vous les rencontrez dans toutes les conditions de cette ruche, qu'elle soit neuve ou vieille, sans hausse ou avec hausse, qu'on lui en ait adapté une ou deux, qu'on y ait puisé du miel ou qu'on y en ait replacé.

Cette dernière ruche a donc une supériorité incontestée sur la précédente ; je l'avais reconnue, il y avait longtemps déjà, que j'en cherchais encore les causes. L'explication que je viens d'en donner est le fruit de mes observations.

§ VII.

DU TRANSPORT DES RUCHES.

Cependant, il est assez ordinaire de voir les habitants des campagnes enlever à cette excellente ruche, par une mauvaise disposition des supports, tous les avantages que nous venons de lui reconnaître, et tout cela, pour en rendre le transport plus commode! Au lieu d'en séparer les compartiments par de légères baguettes de coudrier placées dans le sens transversal, ils se contentent d'implanter dans le fond de la ruche une seule baguette verticale un peu forte, qui va du haut en bas, et qui s'échappe au-dehors. Veulent-ils enlever le tout, ils saisissent la baguette; mais le poids des couteaux supérieurs écrase dans le trajet, et quelquefois même dans le repos, les couteaux inférieurs, et ensevelissent les abeilles.

J'en ai vu un exemple il y a peu d'années. Le diamètre de la ruche était plus faible en haut qu'en bas; de sorte que l'adhérence contre les parois était moindre que si celles-ci eussent été perpendiculaires sur la tablette; le miel se détacha, et, malgré le support, écrasa les abeilles.

Lorsque les baguettes sont en travers, rien de semblable ne peut arriver : chaque fond, chaque grille supporte le miel placé au-dessus. Aussi, avec cette disposition, le transport des ruches est-il sans inconvénient. On peut le faire à dos, à cheval ou en chariot. On éprouvera surtout une grande facilité si les ruches sont pleines; cependant on ne les enlèvera pas du rucher sans quelques précautions.

Étendez sur le sol un linge au-devant de la ruche que vous voulez transporter; soulevez-la doucement avec une bâche, et déposez-la sur le linge dont vous relevez rapidement les quatre coins. De cette manière, vous prévenez la sortie des abeilles qui, si elles étaient saisies par le froid, périraient aussitôt; car ce transport s'effectue d'habitude en décembre. Il vaudrait beaucoup mieux le faire en octobre, attendu que les abeilles qui se sont nourries jusque-là dans leurs courses, ont laissé leurs provisions intactes et les ruches parfaitement pleines.

Mais avant que d'enlever des abeilles d'un premier lieu pour les porter dans un second, on se trouve quelquefois dans l'obligation de les changer de ruche, et le transvasement n'est pas chose très commode; avec des précautions cependant, on peut éviter tout danger, et, si on l'emploie avec habileté et dans un moment opportun, même sur des ruches destinées à rester en place, on en retirera des avantages considérables. Ce que je vais vous dire des moyens dont j'ai usé dans ce cas, et des résultats que j'en ai obtenus, vous mettra à même d'apprécier toute l'importance des uns, et la grande facilité avec laquelle on peut parvenir à employer les autres.

---

§ VIII.

DU TRANSVASEMENT DES ABEILLES.

J'aurais peut-être dû me montrer moins sévère à l'égard de la ruche à capuchon ; les services qu'elle m'a rendus méritaient ma reconnaissance : mon rucher, si nombreux aujourd'hui, a commencé en effet, par deux capuchons que j'achetai pleins de miel et vides de mouches.

J'avais appris qu'un cultivateur se disposait à faire périr des abeilles : j'accourus aussitôt et j'arrivai assez à temps pour les obtenir. J'abouchai l'un contre l'autre mes deux capuchons, de manière à n'en former qu'une rûche ; elle avait assez la forme d'un œuf. Je consolidai le tout par quelques fils de fer, et je mastiquai la section de contact au moyen du lut dont j'ai parlé dans une autre circonstance.

Ces précautions prises, j'accolai l'ouverture de mon œuf, de mon double capuchon, contre celle de la ruche à abeilles ; et, fumant celle-ci et la frappant vivement sur toutes les faces, si ce n'est sur celle de l'ouverture (elle était carrée), j'obligeai bientôt les mouches à déloger et à passer dans ma ruche. J'examinai ensuite très attentivement l'intérieur de la ruche abandonnée, car je craignais d'y avoir laissé la reine ; mais je n'y trouvai que quelques retardataires, qui s'y promenaient en désordre et qui cherchaient le grand air, parce qu'elles avaient été étourdies par la fumée. J'étais donc sûr que la reine était dans ma ruche, et par conséquent je pouvais avoir confiance en mon opération ; et, en effet, après un jour d'agitation, un seul, le calme régna dans la ruche, et depuis, il ne fut jamais troublé.

L'année suivante, je sauvai également de la mort un autre essaim d'abeilles ; seulement, comme je n'avais pas de capot avec son miel, j'attachai, à l'aide de bagues, des couteaux de miel dans l'intérieur d'une ruche de ma façon, et je répétai ensuite l'opération de l'année précédente, non pas avec moins de hardiesse et d'habileté, et non sans en obtenir un succès plus prompt et plus complet.

J'avais déjà deux ruches ; l'année qui suivit j'en eus quatre. Chacune de mes ruches m'avait donné un nouvel essaim ; bientôt il me fallut employer les hausses, et mes ruches, de petites qu'elles étaient, devinrent de grandes et vastes ruches.

Plus tard, pour peupler plus rapidement mon rucher et activer la production, je renouvelai sur mes propres ruches l'opération qui m'avait si bien réussi sur d'autres. Voici comment je m'y pris :

Apprenais-je que quelques-uns de mes voisins se disposaient à détruire des abeilles, je les allais chercher ; puis, par le moyen que j'ai indiqué, je forçais les mouches de l'une de mes ruches pleines à descendre du corps de la ruche dans la hausse, ce qu'elles faisaient sans trop de difficulté, parce que la plupart des abeilles et la reine s'y trouvaient déjà, à cause du nouvel ouvrage ; enfin j'abandonnais la hausse qui faisait à elle seule la ruche ; j'enlevais la ruche proprement dite, alors vide de mouches, et j'y introduisais les abeilles qui m'avaient été données.

Faisons sur ce transvasement plusieurs remarques importantes.

Séparez votre ruche de sa hausse la veille au soir du jour où vous devrez aller prendre les abeilles que l'on vous a promises ; de cette manière, vous aurez tout le temps de faire descendre doucement vos mouches de la région supérieure dans le compartiment inférieur, et ensuite de luter toutes les issues qui pourraient se produire pendant cette première partie de l'opération. Le défilé des abeilles s'effectuera sans trop de répugnance de leur part, parce que, ainsi que nous l'avons déjà dit, leur reine et le plus grand nombre de leurs compagnes se trouvent par avance dans la hausse, et que c'est là qu'elles doivent travailler. Si cependant la reine était au nombre de celles qui occupent le corps de la ruche, elles se montreraient plus opiniâtres, et ne passeraient dans la hausse que lorsque la reine y descendrait elle-même; mais alors, leur empressement à la suivre serait si grand, qu'elles s'encombreraient au passage, et que celui-ci deviendrait trop étroit. On pourrait croire qu'il serait inutile alors de continuer à fumer et à frapper la ruche; on se tromperait. Rendez au contraire la fumée plus épaisse et redoublez de tapage. Les abeilles se masseront et s'en iront sans interruption les unes à la file des autres, et l'opération en sera plus promptement terminée.

Les coups que vous portez sur la ruche ne doivent pas atteindre le côté dans la direction duquel vous voulez les faire marcher; autrement, vous les verriez aller en sens opposé, et vous ne pourriez leur faire reprendre leur premier chemin qu'avec beaucoup de peine.

Lorsque le défilé est terminé, il faut se hâter de

luter. Plus tôt les interstices et les ouvertures de tous genres sont bouchées, plus vite renaît le calme.

Votre ruche maintenant n'a plus d'abeilles; cependant, attendez au lendemain pour y introduire celles dont votre voisin était embarrassé. Jusque-là, qu'elle soit reléguée dans un lieu obscur et frais, loin de la chaleur et hors de la voracité des abeilles, qui ne manqueraient pas de la piller. Le matin venu, procédez au transvasement. Vos abeilles adoptives n'entreront pas toutes dans leur nouveau logis, soit qu'elles n'aient pas suivi la colonne au moment du défilé, soit qu'elles aient été étourdies par la fumée, les retardataires seront encore assez nombreuses. Il vous faut alors les examiner avec attention, car la reine pourrait se trouver parmi elles. Si cela arrivait, la ruche serait loin d'être tranquille; vous y remarqueriez la plus grande agitation, un bruit épouvantable et continuel. Rendez la reine à ses sujets, et tout ce tumulte cessera. Pour y parvenir, après avoir rapproché la ruche que vous venez de vider de celle qui a reçu les abeilles, vous déferez les couteaux de la première, afin d'en retirer toutes celles qui se sont oubliées; puis, en vous aidant des barbes d'une forte plume d'oie ou de dinde, vous les pousserez jusqu'à l'entrée de leur nouvelle demeure. La reine, une fois dedans, le bruit s'appaise comme par enchantement.

Cette opération, souvent répétée, multipliera vos abeilles, et cependant votre rucher ne vous en causera pas plus d'embarras ; car autant vaut soigner une vingtaine de ruches que trois ou quatre ; les soins sont sensiblement les mêmes.

Mais une chose que nous ne devons pas passer sous silence, quoiqu'elle se comprenne d'elle-même, c'est que pour attaquer ainsi les abeilles sans danger, il faut avoir pris quelques précautions qui mettent l'opérateur à l'abri de leur colère et de leurs aiguillons. N'oubliez donc pas de vous botter, de vous ganter, de vous couvrir la figure d'un masque.

C'est par l'emploi de cette méthode de transvasement, qui est aussi simple et sûre que peu dispendieuse, que vous parviendrez, en peu d'années, à compléter votre rucher et à récolter, sans accroissement de peines et de soins, une quantité considérable de miel.

---

§ IX.

DES SOINS A DONNER AUX ABEILLES PENDANT LES DOUZE MOIS DE L'ANNÉE.

Il ne me reste que peu de choses à vous dire ; je n'ai plus en effet qu'à vous faire connaître les soins qu'il convient de donner aux abeilles pandant les différents mois de l'année. Ici, comme ailleurs, j'expose des règles à moi, des règles qui m'appartiennent ; il est vrai que le succès les a constamment justifiées ; mais il en peut exister de meilleures, et, en attendant que vous en ayez rencontré de plus convenables, dans les nombreux auteurs qui se sont occupés des abeilles, ou que l'expérience vous en ait fait adopter de préférables, vous pourrez faire l'application de celles qui me sont propres, et reconnaître peut-être avec moi qu'elles peuvent suffire.

Vous savez déjà dans quel mois vous vous procurerez vos abeilles et dans quelles conditions locales vous les placerez. Le mois de mai est en effet le moment le plus favorable à l'achat des nouveaux essaims, et cependant les abeilles ont alors besoin de secours plus qu'à toute autre époque, car leurs ennemis arrivent de tous côtés, pénètrent dans la ruche, qui est vide par le bas, et se glissent jusque vers le haut. Une fois là, ils tendent leurs filets de couteaux en couteaux, d'alvéoles en alvéoles, de sorte qu'au bout de quelques jours, ils se rendent maîtres de la place. Les abeilles n'ont rien de mieux à faire alors qu'à se retirer, ce qu'elles font prudemment. Ainsi donc, vous soulèverez souvent vos ruches pendant le mois de mai ; vous en expulserez tous les parasites, limaçons et vermisseaux de toutes espèces ; vous déchirerez leurs fils et enlèverez leurs immondices.

En juin, au plus tard en juillet, les ruches seront assez riches en miel et en mouches pour n'avoir plus rien à redouter du dehors.

Le mois d'août arrivé, les ruches sont pleines, surtout si l'année a été favorable. Alors commence la fabrication du miel, qui peut durer de trente à quarante jours. Lorsque ce travail est terminé, les abeilles s'enferment dans leur logis comme dans une forteresse ; toutes les issues sont exactement fermées, et le corps de la ruche est relié très étroitement et très fortement avec la tablette au moyen d'un suc gluant (le propolis) qu'elles recueillent sur le peuplier. L'entrée seule reste libre ; mais elle est gardée par une troupe nombreuse et décidée.

Cependant, le petit papillon à tête de mort est assez audacieux pour les braver, et pour venir prendre au milieu d'elles un excellent repas à leurs dépens, puis se retirer sans montrer ni crainte ni repentir, car sa témérité ne manque jamais d'attirer sur lui tous les efforts des abeilles. Aussi, succombe-t-il quelquefois dans la lutte, et, si son cadavre trop lourd, ne peut être enlevé, on l'entraîne péniblement dans un coin de la ruche et on le couvre de propolis. Les abeilles cherchent par-là à se garantir des effets de la corruption du corps, car le propolis a la propriété de conserver les chairs. J'ai trouvé plusieurs de ces papillons ainsi embaumés ; ils étaient parfaitement intacts, mais sans duvet. L'un de vous, au reste, a fait une découverte semblable : une souris avait été embaumée par les abeilles, et abandonnée ensuite dans la ruche. Jetez-leur un insecte assez léger ; vous les verrez toutes accourir et s'acharner sur le malheureux. Une fois qu'elles l'auront mis hors de combat, elles se saisiront de lui et l'entraîneront. Une seule suffit-elle ; on la laisse faire ; ses compagnes courent au travail.

Dans le cas contraire, elles s'empressent autour du fardeau jusqu'à ce qu'elles l'aient enlevé, ou qu'elles aient reconnu l'inutilité de leurs efforts.

Octobre arrive, et avec lui, le repos. Les fleurs ont disparu et les beaux jours sont passés ; pourquoi courraient-elles la campagne, qui n'offre plus rien à leur avidité ? Elles restent au logis, où elles se remettent sans trouble, sans inquiétude, de leurs longues fatigues, car leurs ennemis ne peuvent plus pénétrer dans leur domicile ; il est si bien clos et gardé ! L'homme seul est alors à craindre pour elles ; l'homme ignorant et envieux, l'homme grossier qu'anime une stupide et aveugle cupidité, qui, trop souvent, y porte la mort de sa main armée d'une meurtrière poupée de soufre enflammé !

Si octobre les a chassées des champs et les a reléguées dans leur demeure, novembre, plus froid encore, engourdit leurs membres si frêles et si délicats, et c'est avec peine que celles qui errent dans la région inférieure de la ruche atteignent le compartiment supérieur, où elles vont se réchauffer au contact de l'essaim. Cependant, en novembre, il y a quelques beaux jours dont les abeilles profitent pour aller à la promenade. Ces jours-là, l'agitation est aussi forte dans les ruches qu'au gros de l'été. Survient-il un brouillard, ce qui est assez commun dans ce mois, elles rentrent à la ruche beaucoup plus vite qu'elles n'en sont sorties. Fin novembre, plus de travail pour elles, plus de promenade, il n'y a que le repos ; elles ne sont occupées qu'à garder leur butin. Un nombre suffisant monte la garde à l'issue de la ruche ; elles vont et viennent sans dépasser la façade de leur habitation.

Je compare cette garde à un soldat qui a pour consigne de ne laisser entrer personne. Eh bien ! les abeilles empêchent aussi les ennemis dont nous avons déjà si souvent parlé d'entrer dans leur demeure. A mesure que le froid augmente, le nombre de leurs ennemis diminue, parce qu'ils ont aussi à se soustraire aux rigueurs de la saison en se retirant chacun dans la localité qui peut l'abriter, afin d'y passer leur quartier d'hiver. Ainsi, tous leurs ennemis quelconques sont engourdis comme elles pour reparaître à la même époque, qui est les premiers jours de mars.

En décembre, toutes les abeilles sont engourdies et resserrées les unes contre les autres, et surtout au fond de leur ruche ; si elles éprouvent quelque froid, elles font un mouvement d'agitation qui leur procure une chaleur douce ; le deuxième et le troisième rang qui occupent l'extrémité de l'essaim rentrent dans le milieu, afin de profiter de la chaleur que leur a procuré le mouvement qui vient d'avoir lieu, et les deuxième et troisième rangs les remplacent.

En janvier et février, point de surveillance, tout est engourdi, les mouches et leurs ennemis.

Dans les premiers beaux jours de mars, les abeilles sortent de leur engourdissement, et c'est là l'époque où elles mangent le reste que le maître avide leur a laissé pour subsister. Aussitôt que les couteaux sont vides du miel que contenaient les alvéoles, la reine y dépose ses œufs; cette ponte dure depuis le milieu de mars jusqu'à la fin d'août, qui est l'époque du miel qu'elles apportent pour nous et pour elles.

Durant la période de leur extrême faiblesse, c'est-à-dire en janvier et février, comme nous venons de le dire plus haut, veillez pour elles et entretenez leur logis propre et coquet, et mettez-les à même de renouveler des forces qu'elles emploieront avec ardeur à vous témoigner, à leur manière, leur reconnaissance pour vos soins d'autrefois, et à justifier, par avance, ceux que vous leur accorderez dans l'avenir. Outre la satisfaction que vous ressentirez de leurs succès, vous en éprouverez une autre non moins douce, celle que laissent toujours après elles les heures passées dans le calme et le silence, loin du tumulte et de l'agitation. Plus tard, vous me direz si je me suis trompé, non-seulement dans mes observations prises en elles-mêmes, mais aussi et surtout dans l'appréciation des résultats d'un autre genre que je crois y avoir trouvés. Je m'empresserai alors de modifier les idées erronées que j'aurais pu me faire sur l'éducation des abeilles ; mais je conserverai précieusement le souvenir des instants agréables que ces observations m'auront procurés. Je n'oublierai pas non plus qu'en traçant ces quelques lignes, je me suis acquitté, dans la mesure de mes forces, d'un devoir imposé par l'amitié, et que vous m'en savez quelque gré ; la récompense se trouvera ainsi beaucoup au-dessus de mon faible mérite.

Ruche à capuchon.

Ruche à hausse.

(Cuisse de noyer)

Ruche ordinaire.

Ruche ordinaire
à hausse.

MANIÈRE DE FAIRE LE MIEL.

Lorsque vous aurez déterminé le nombre des ruches que vous voulez prendre, vous tiendrez des vases quelconques prêts, à part des vases de cuivre, le miel contenant un acide qui engendre du vert-de-gris, ce que beaucoup de personnes ne voudraient pas croire. Si c'est une benne ou un jarlot dont vous voulez vous servir, il faut qu'il soit étuvé trois ou quatre jours d'avance, parce que le miel filtre où l'huile ne passerait pas.

Vos ruches prises, vous choisirez les couteaux les plus blancs, que vous mettrez dans les vases que vous avez préparés pour recevoir votre récolte. Dans toutes les ruches les couteaux subissent une fermentation plus ou moins forte les uns que les autres ; c'est ce qui fait que dans la même ruche il y a deux qualités de miel. Celui qui est attaché au fond de la ruche est le meilleur et d'un goût caramellé.

A la distance de sept, huit et neuf pouces de l'extrémité du couteau, c'est là où se passe la fermentation, parce que toutes les mouches s'y trouvent, soit pour le travail, parce qu'elles travaillent en descendant, soit parce qu'elles sont en garde contre une quantité d'ennemis. Les couteaux sortis des ruches seront donc choisis, puisqu'il y a deux qualités de miel dans la même ruche, comme il est dit plus haut. Quand vous jugerez les couteaux convenables pour le bon miel, vous aurez un tamis de toile métallique, dont les mailles ne doivent avoir qu'une ligne carrée ; ce tamis doit être croisé dessous d'un fil de fer, au moins du n° 14, parce que le miel est très lourd. Le tamis doit être placé sur le vase que vous avez préparé, et posé sur deux bâtons qui dépasseront le diamètre transversal. Cela fait, c'est pour le miel blanc ; ensuite l'on prendra les couteaux les plus noirs ; il faut un autre vase pour broyer les alvéoles, afin de faciliter l'écoulement du miel ; à mesure qu'ils sont broyés, les mettre dans le tamis, et le miel coule rapidement. Aux couteaux du miel inférieur, qui est celui qui a fermenté, ils seront broyés comme les premiers ;

et avec deux tamis, ils coulent tous deux à la fois. Le miel blanc se nomme vierge, parce qu'il n'a subi aucune fermentation ; ensuite, ce miel mis dans des pots dont le diamètre de dessus est plus étroit que celui de dessous, n'y reste pas ; il fait éclater les pots dans lesquels il est contenu. Il faut donc se servir de pots dont le diamètre soit plus large dessus que dessous. Si c'est dans des seaux de bois, le diamètre doit être le même que celui des pots. Le tamis qui contient le miel blanc et le tamis contenant le miel inférieur seront réunis ; on mêlera le résidu de ces deux tamis, qui sera broyé pour en extraire le reste du miel, qui ne coule jamais tout à la première opération. On arrose ce résidu d'un peu d'eau tiède, afin de faciliter le miel qui reste à s'écouler plus promptement. Il faut une chaudière ou une marmite, dans laquelle on versera le tout, et on remuera continuellement, afin que la cire ne fonde pas ; il faut pour éviter cela, que l'eau ne dépasse pas le degré de tiédeur.

On a donc trois qualités de miel provenant de la même ruche : le miel blanc nommé vierge, le second ordinaire, et le troisième qui sert à donner à manger aux ruches pauvres que vous avez dans vos ruchers, qui bravent les mauvais temps de février et de mars pour aller chercher leur nourriture. C'est à cette époque que les mouches à miel dévorent le reste de leurs provisions. Fin mars et avril, les mouches trouvent leur vie dans les champs, sur toutes les petites fleurs et celles des arbustes, tels que vorges, pelossiers, groseillers, violettes, mourons, etc., et autres plantes qui fleurissent à cette époque.

A cette époque, il arrive encore fréquemment des mauvais jours ; c'est là le cas de donner à manger de ce miel inférieur à vos ruches pauvres, dans des assiettes plates et en terre ; ces assiettes, qui contiennent le miel, doivent être recouvertes d'une feuille de papier découpé comme celui dont se servent les éducateurs de vers à soie, pour faciliter la sortie du ver. Ces trous servent aux mouches pour y introduire leur trompe, pour y vivre elles-mêmes ; elles finissent même par manger ce papier ; il faut le remplacer par un autre. Il faut aussi ne leur donner cet aliment qu'à la tombée de la nuit, parce que les ruches qui les avoisinent viennent, de jour, piller les ruches pauvres ; et par ce moyen de ne leur donner que le soir, vous évitez à ces ruches pauvres le pillage et la mort.

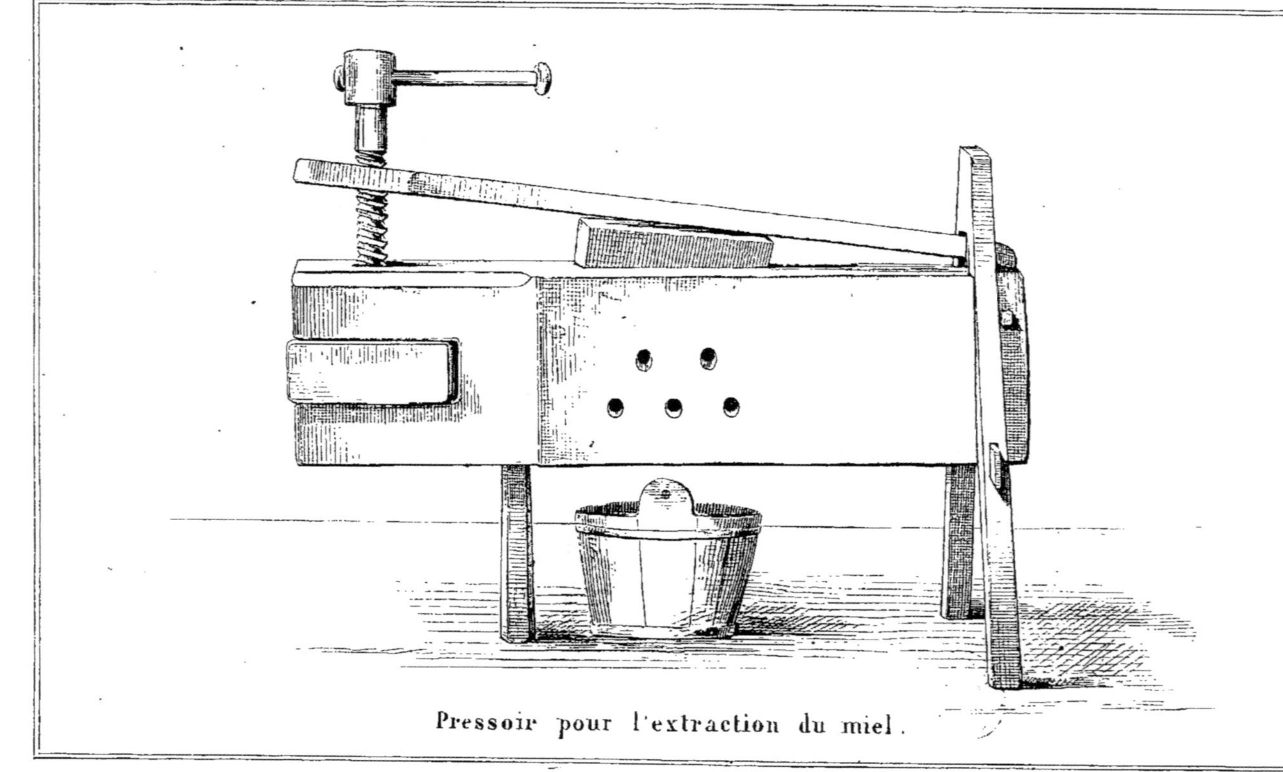

Pressoir pour l'extraction du miel.

MANIÈRE DE FAIRE LA CIRE.

Lorsque tout le miel est séparé d'avec la cire, vous pouvez faire de grosses boules des résidus des cires, en les serrant avec force pour faire écouler le peu d'eau ou le quelque peu de miel qui reste. Cela fait, votre cire peut attendre quinze et vingt jours dans cet état d'humidité sans rien craindre ; mais plus vite elle est faite, plus votre cire est belle. Ainsi, il y a donc intérêt à la faire le plus tôt possible. Les résidus du miel consistent dans la cire, le quernin, le propolis et la cire. Ces trois corps gras ne peuvent se séparer qu'en les soumettant à l'ébulition dans une chaudière, jusqu'à ce que les matières surnagent, en ayant toutefois la précaution de remuer continuellement avec une spatule de bois, parce que la cire monte plus vite que le beurre. Lorsqu'elle est assez fondue à ce degré de chaleur, il faut avoir des petits sacs en toile claire et forte, afin que le pressoir ne les fasse pas éclater. Le jarlot qui est sous le pressoir, ainsi que le pressoir lui-même, doit être mouillé avec de l'eau fraiche, parce que la cire chaude se prend au bois sec, et que, où la cire trouve de l'humidité, elle n'a aucune prise. Vous trouverez dans le jarlot votre cire séparée des deux autres corps : la cire est sur l'eau ; les autres corps différents sont au fond. On peut faire autant de pressées que le comporte le jarlot ; la cire monte toujours dessus ces mares. Laissez refroidir la cire, afin qu'on puisse bien la ramasser complètement, et, selon la quantité que vous en avez, vous prendrez une marmite, vous y ajouterez un plein verre d'eau fraîche, pour empêcher à la cire de brûler ; il faut qu'elle fonde sans bouillir, et les vases à contenir les pains de cire, doivent tous avoir un peu d'eau fraîche, parce que sans cette précaution, la cire adhérerait aux moules. Cette eau dans les moules sert aussi à purifier la cire. Lorsque vous sortez les pains des moules, vous êtes obligés de les arracher violemment pour enlever la crasse qui se tient attachée au fond du pain. Vous les râclez jusqu'à ce que vous arriviez à avoir de la cire pure. Chaque moule, n'importe la forme, doit avoir un diamètre plus large dessus que dessous, parce que lorsque vos formes de pains seraient froides, vous ne pourriez plus les sortir de dedans les verres dans lesquels vous les auriez mis.

Chaque pain doit avoir un bout de corde d'environ 4 à 5 pouces de longueur ; cette corde doit avoir à l'extrémité un gros nœud ; il faut la mettre dans le pain avant qu'il soit froid. Cette corde sert à enlever les pains et à les peser au besoin.

TABLE DES MATIÈRES.

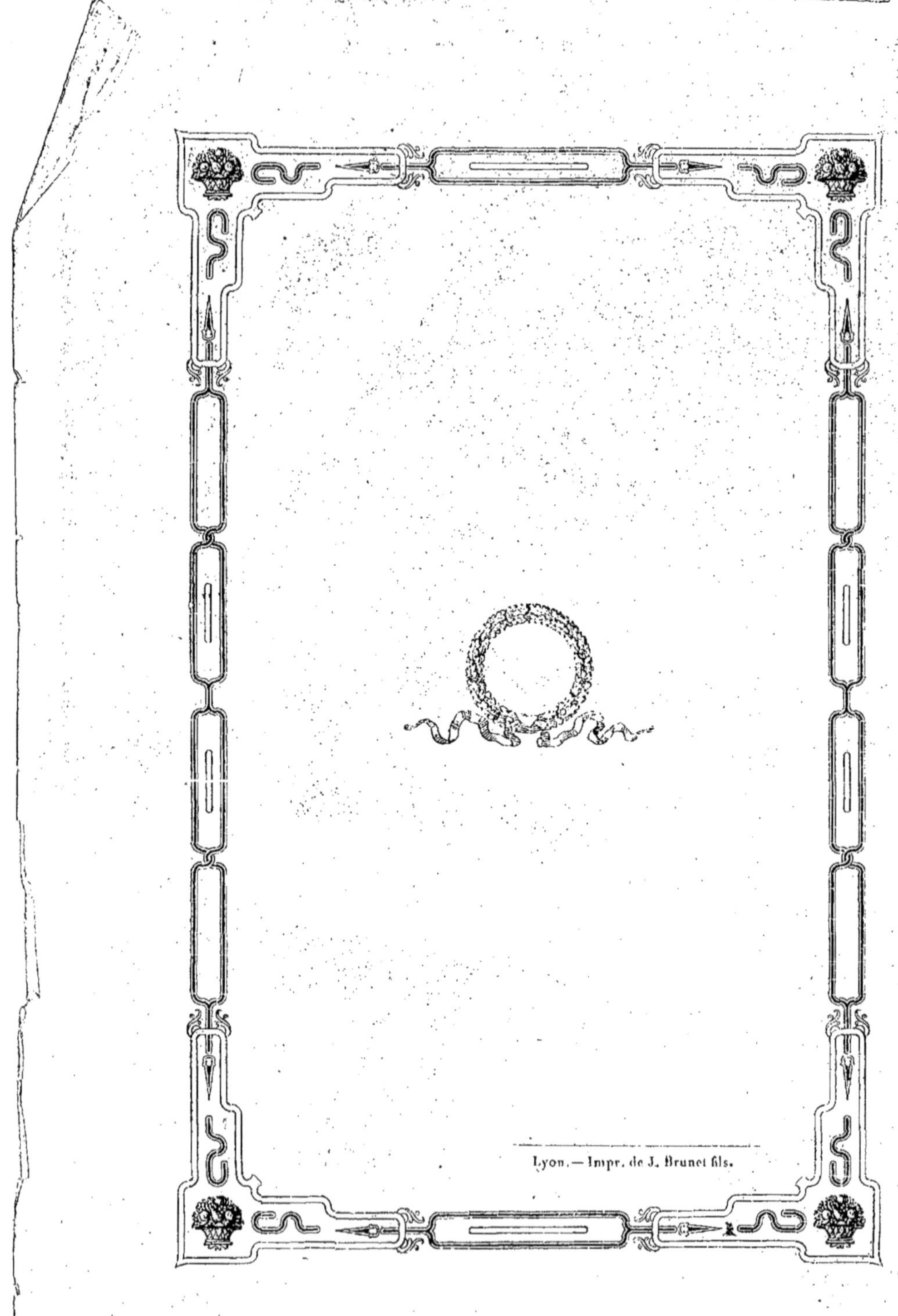

Lyon. — Impr. de J. Brunet fils.

www.ingramcontent.com/pod-product-compliance
Ingram Content Group UK Ltd.
Pitfield, Milton Keynes, MK11 3LW, UK
UKHW020955180726
13838UKWH00003B/1344

9 782019 952099